編

許　　著

手搖杯＋泡麵＋（房貸）＝老闆你說的都對！

可不可以
fire 老闆？

序

別讓情緒影響自己目標的核心。

/// 我在 29 歲生日前夕完成這篇文章，算算我從畢業入職場到現在，已經超過五個年頭。在這五年，我從一個被嚴厲主管罵到午休要去偷哭，哭完再繼續上班的職場新鮮人，變成大家諮詢職場問題的前輩，並持續在職涯的道路上摸索，試圖以自己真正喜歡的事維生。

/// 因為我的工作，會大量採訪各種領域的人，也會習慣性的觀察身邊的每個人，我發現每一個成功人士（這裡的成功指的不是家財萬貫的人，而是在人生的道路上自我實踐並闖出一番成就的人）都有一個共通點，就是不管遇到什麼情況，都不會讓情緒去影響到自己目標的核心。

/// 我曾經在一次受訪前看訪綱，其中提問：「妳是否曾經想過要放棄創作？」這題我一定是回答：「從來沒有。」緊接著下一題是：「若沒有，是什麼讓妳這麼堅定堅持辛苦的創作之路？」這題目很難回答，我被迫開始回想幾個讓我很挫折的經歷，花了一點時間終於想通，是我在創作時「遇到的一些情況」讓我覺得創作很

辛苦，而不是「創作」這件事本身讓我覺得辛苦。所以我遇到挫折雖然很沮喪，但從來沒有覺得要因此而放棄創作。

/// 當我意識到這件事時，很多過去糾結的事物，全都豁然開朗，包括在感情上，以及職場上。人生中所有的困境，問題都是「遇到的一些情況」讓我們痛苦——例如我說「討厭這份工作」，其實我是討厭這個主管、跟那個客戶不對盤、和這家廠商談不攏，工作本身是有趣的。能堅定走在自己認定的道路上，就要有這份意識，像是為自己創造出一個結界，不管走過風和日麗還是暴風雨，都能保護最珍貴那份信念。

/// 想要有意識的用這樣的思維看待事物，最簡單的方法就是在感受到不愉快、不自在的那一瞬間開始，把自己切換到「觀察」的模式。想像自己是一個研究員，觀察著眼前齜牙裂嘴的老闆，在手寫板上做紀錄；又或者切換到「取材」的模式，想像你今天是個小說家，眼前這滑稽的人你要如何形容呢？如果你是作者，那主角（也就是現實中的你）要如何應對？只有心緒不跟隨對方流動而不知不覺被沖進深淵，就能保有自覺的處理問題，繼續前進。

/// 而這一本書裡收錄的每一則漫畫，都是我在職場上用「觀察」、「取材」角度看待我所遇到，並畫出來的故事。這些故事，相信讀這本書的你多少也遇過，希望看完這本書，那些你曾經覺得很痛苦的關卡、萬般糾結的情緒，都能一笑置之。

目次

光怪陸離的求職二三事

穩穩出招吧！

#求職
#舒適圈
#面試
#加班
#年齡

崩潰求職路

不管是找打工、剛入社會，還是跳槽轉職，面試都是必經的道路。我換過的工作不多，但面試經驗倒是不少，遇到的怪現象更是多，本章節整理我在面試之路遇過光怪陸離的情況，如何應對、怎樣接招，有賴經驗累積，但是最重要的，是放下得失心。

CHAPTER
ONE

真實的心聲是——

01
跳脱＆跳入舒適圈

/// 網路上有很多積極正面的文章，讚揚那些勇於「跳脱舒適圈」的人，依我之見，這世界上每一份工作都累斃了！應該反過來説，要努力「跳入舒適圈」比較合理，畢竟追求幸福不是人的基本權利嗎？

/// 事實上，一份工作之所以變得「舒適」，只有兩個原因。一個就是，你正在做你很擅長的事情，因此你可以用相對少的辛勞達成目標；另一個就是你正在做你非常喜歡的事情，就算辛苦也覺得甘之如飴。以這個角度來看，能夠「在舒適圈內」，意味著你來到非常適合自己的地方，無論如何，放棄都是有點可惜的。

/// 如果有人想離開一個耕耘許久的產業或領域，必定是因為其中有「不舒適」之處，與其大大讚揚跳脱舒適圈的人，不如獻上衷心的祝福，祝每個人都找到屬於自己的舒適圈，並讓這個圈徹底成為屬於自己的專業領域吧！

菜鳥求職

梳著乖巧的
髮型

緊張的
提早 30 分鐘到

不知道
要帶什麼

白襯衫黑褲

特別買的
黑色有跟包鞋

老鳥轉職

一如往常的髮型

履歷、作品集
多帶一份備用。

提早十分鐘

比平常穿得
再正式一點點

習慣的鞋（牛津鞋）

02
面試就是做自己

/// 網路上最不缺的就是教你如何面試的文章，從穿著打扮到與人資的問答攻略，新鮮人在上場面試之前，必定都仔細做過一番功課。有時在公司，看到穿著白襯衫、黑長褲、制式皮鞋的年輕人，大家都會交換一個眼神：「啊，是來面試的。」拘謹又青澀，好像就是新鮮人面試給人的印象。想當年我第一次走進出版社面試，穿的也是白襯衫，但當時覺得搭配黑色長褲看起來有點太像公務員，便在出門最後一秒換成了牛仔褲。後來我很慶幸自己這個決定，因為看了出版社裡的員工，真的沒有人在穿白襯衫加西裝褲（或窄裙）的。

/// 新鮮人在面試的時候，看起來常常一個樣，是因為大家都對自己的職場實力還沒有信心，沒有實際工作過，也不知道自己要自信到什麼地步，於是必須戴上面具、演練流暢完美的應答。到了出社會已經兩三年，開始對自己的「市值」有一點認知之後，面試就不再是一場戲，而是雇主與求職者以真誠的態度互相評估。

/// 在面試場合，「真誠」是非常重要的，比起背誦或編造一個完美的說詞，坦誠的述說自己的想法，更有助於你評估這份工作值不值得你入坑。畢竟現在，我們已經不是想要跪求公司給我們一個機會的新鮮人，而是為了提升自己（不管是職位還是薪資）而尋求轉機的社會人士。如果在這樣的階段，還無法擁有以實力對答如流的自信，那在氣勢上就先輸人了。

/// 除了談吐之外，這當然也表現在穿著上。一位很了解自己的人，同時也懂得什麼叫作穿著得宜，必須合時宜之餘也讓自己顯得大方大氣，絕對不是不合身的白襯衫與窄裙。

03
面試不能説真話

/// 上一篇我們提到，面試必須要「真誠」，但並不代表你要百分之百説出你內心的所有心得。日常生活中待人處事，我們自然而然能在心裡判斷哪些話該説，哪些話不該説，或是哪些話是為了激怒對方才説。簡而言之，嘲諷與吐槽是絕對不行的（顯得冒犯）、太激烈的情緒反應也要避免（顯得幼稚）。但我必須説，幾乎每一場面試，都會有相當激怒人的地方，此時不妨這樣想：「這是一個考驗！我不可以中計了！」

/// 根據我的經驗，由於童書總是給人歡樂溫馨的形象，所以很多人認為這份工作是輕鬆愉快的，當我轉職想當其他領域的編輯，最容易被問的就是：「這份工作不像你之前做童書，可能字較少又比較簡單，會很辛苦喔，你可以接受嗎？」聽到這個問題，內心通常是一陣氣憤，畢竟童書本身看起來是簡單沒錯，但背後工程之浩大絕不是一般人（以及其他書種的編輯）可以理解的。此時收起你覺得被看輕的不悦，微笑應答絕對是聰明的選擇。

04
你願意配合加班嗎？

/// 轉職的時候，面試五家公司中，大概有四家都會問我這個問題。

其實會進出版業的人，有一部分就是會因為工作熱忱而自我剝削很嚴重的抖M。很多人總是義無反顧的投入工作，雖然不鼓勵超時工作，但樂在工作就是另一回事了。即使如此，大聲說：「我願意配合加班！」還是有點太奴了，心裡那關過不去。但如果回答「無法配合」，雖然理論上並沒有過失，但在面試方心裡就會留下這個人「不好配合」的疑慮。

/// 想來想去，我最後得出了一個模稜兩可的答案：「當編輯的人不怕辛苦，書需要多少時間做好，我就會花多少時間完成。」

/// 畢竟身為編輯本來就是個需要臨機應變的工作，一開始就把話說死對自己真的沒有好處，拋出一個聽起來面面俱到且充滿責任感的說法，順勢詢問公司對加班的態度，例如是否可以領加班費？還是只能補休？ 為自己打造一個圓融懂事又勤奮的印象。

/// 我也是面試了好多次後，才想到可以這樣講。實際運用後覺得成果還不錯，提供給大家參考。

05
怪奇招募法：孕氣超旺的公司

/// 謀求轉職那幾個月，除了自己投履歷應徵之外，也有幾間公司向我與前同事招手。大部分的人都會講述公司的優點，這種時候就很有意思了，因為除了很多公司奇妙的特殊文化之外，我們還可以看到公司對當今年輕人的刻板印象，或是上一輩的從業人員認為足以吸引年輕人的條件是什麼。

/// 最有趣的是，有一間童書繪本出版社，在聽聞我和前同事有轉職打算，便邀請我們前往該公司與主管聊聊，接洽的人是我們曾共事過的前輩編輯，一位懷孕的準媽媽，她興奮的告訴我們：「我跟你們說，這間公司真的風水很棒，加入我們的女同事，都會馬上懷孕！真的『孕』氣超旺的。」一聽到她這麼說，我和前同事都嚇壞了，對單身女子來說，浮現在腦海的不是幸福的家庭，而是未婚懷孕的手忙腳亂。

/// 真是嚇壞我們了。

/// 誠如準媽媽前輩所言，那的的確確是一間對女性友善，也提供很棒福利的公司，每個在這裡任職的女性都不必太過擔心兼顧家庭會影響職場表現。即使如此，聽到「來這裡工作就會懷孕」真的不是一句高明的宣傳文案。

06
怪奇招募法：這份工作超簡單

/// 大家喜歡戲稱一個理想的工作是「錢多、事少、離家近」，或許也普遍認為現代的年輕人大多怕吃苦，一心只想追求準時上下班、追求小確幸。我曾遇過一間急著要用人的公司，打電話來招募我，當我詳細詢問工作內容時，對方滿懷笑意的說：「我們這邊的工作很單純，就是簡單的校對與上稿，你之前的工作很繁雜很累吧？這裡工作對你來說一定很簡單，又可以準時上下班喔。」

/// 確實這樣的工作條件，有吸引人之處，每天忙得焦頭爛額，有時也會不禁想像，如果我每天下班還看得到夕陽的餘暉，可以到超市採買一番後下廚做菜，不是很好的生活嗎？腦波一弱便答應去聊聊。然而，求職是這樣的，一份工作的條件好不好並不是絕對的，而是要看「是不是自己想要的」。

/// 如果每天準時上下班，做的卻是很單一的工作，那一點兒也不符合我喜歡同時做很多件事、喜歡解決問題、追求工作成就感的性格。短期內或許會對於多出很多休閒時間感到興奮，但長期下來恐怕會覺得無聊吧？花了點時間反思自己到底想追求怎樣的職涯、重新釐清自己想要的生活，就能漸漸的撥雲見日，看清楚眼前的到底是機會還是陷阱了。更何況，一個單純簡單、取代性高的工作，又能為自己帶來多少成長與收入呢？

/// 每個人追求的生活都不一樣，如果你骨子裡是個工作狂，就去做難的工作挑戰自我；如果你喜歡閒適的生活，就不要逼自己進入火坑。

07
面試怪現象：我們要找年輕人，
但你太年輕！

/// 出版業雖然算是文化創意產業，但畢竟還是傳產。在新時代的洪流中，大家都在尋求改變，不少公司為了要年輕化，掌握新世代常用的臉書、Instagram、YouTube等等社群行銷手法，都開始宣稱準備要「招募年輕人」。

/// 不得不說，「年輕人」這個名詞聽起來有無限未來，同時也有著無限阻礙。我曾經幸運的獲得一間業界規模數一數二大的出版社面試機會，當時聯繫我的人資開心的跟我說，公司打算全面年輕化，所以主管們都積極想招募年輕人，活絡一下辦公室氣氛，也想把社群都做起來，相信以編輯小姐的經驗一定很適合云云。害我在還沒有開始面試之前，就產生一種勢在必得的錯覺，還傳訊息跟朋友說：「我覺得這一局我很有機會……」

/// 殊不知，與面試官相談甚歡到我真的覺得我就要拿下這個職位的時候，面試官重新看了一下我的履歷，然後語重心長的說：「哎，你的資歷真的不錯，人格特質也符合我們公司的需求，但是……可惜你真的太年輕了。」聽到這句話我實在覺得相當不妙，小心翼翼的問：「但貴公司不正是希望招募年輕人嗎？」面試官微笑說：「是的，目前我們公司同仁多半是40到50歲，我們希望招募的，是30到40歲的年輕人，你才20幾歲，擔心你不夠穩定啦。」

/// 這場面試就在我滿腦子的「蛤？」、「什麼？」、「我距離30也才差3年！」的疑惑與不解下結束了，當然最後也是不了了之，連薪資的部分也沒有談到。事實上，在我青春洋溢的大學生妹妹、找我諮詢職涯的學弟妹，以及過去共事的工讀生眼裡，我已經都是個職場老鳥了，雖然對於錯失這個機會有點沮喪，但重新體認到原來自己「太年輕」，其實還是有點飄飄然的。

08
面試怪現象：人算不如天算

/// 普天下最迷信的，莫過於當老闆的人。

/// 我聽說有些老闆在用人時，會先拿應徵者的名字或是生日去算命，並藉此決定要不要用這個人，或是對於辦公室風水相當在乎，哪個人要做哪個位置、什麼地方要放植物、什麼地方要放鹽燈都非常講究。我整個家族都是受西式教育的，連傳統習俗都鮮少參與，算命、風水這種事更是一竅不通，所以對於這樣的事情感到非常困惑。與朋友相聚的時候，也常常聽到有人說，因為跟老闆八字不合而沒得到工作機會，或是因為風水的關係被要求搬動辦公座位，都是相當令人驚訝的事情。難道漂亮的資歷與優秀的能力，比不上姓名筆畫和八字嗎？

/// 不過當我開始接案、準備登記工作室、募資案即將上線的時候，我和團隊都焦慮得不得了，最後還去——抽了塔羅牌，決定最合適的登記時機。

/// 當一件事對你來說，是不成功便成仁的時候，做決策的人就會開始自我懷疑。當老闆的人要為一整間公司負責，想必有時也很需要安定心神的力量，不知不覺得就演變成非常在意風水與八字，好像是可以理解的事情。

/// 總之，今天如果你被拒絕，原因是「跟公司八字不合」的話，就放寬心，當作這間公司真的跟你不合吧。

09
話不要說太早：我再也不做出版了

/// 接下來要跟大家分享一下，尋求轉職期間的幾個注意事項。首先最重要的就是——話不要說太早。遙想幾年前我剛準備離開原本的工作崗位，正好遇到過年。我立定志向說再也不想沒日沒夜的加班、不想得飛蚊症、再也不要過年前為國際書展熬夜賣命的工作，以後的除夕我一定會光鮮亮麗精神飽滿的參加，還會包更有誠意的紅包。我向家人宣布這個決心，還到處跟朋友說「我終於決定脫離苦海了」，當時剛離職享受自由的腎上腺素讓我得意忘形了好一陣子。

/// 結果第二年，我不僅沒有離開出版業，而且還跑到過年前更加熬夜賣命（提早截稿送印，以及網路新聞囤稿）的媒體去（而且還是採編合一的）。不用說是否光鮮亮麗了，紅包依然是小小包，還要回答一百次「啊你去年不是說要轉換跑道？」這種問題。

/// 沒事不要話說太滿，否則真是挖坑給自己跳。別人打卡說明年見，我們打卡說明天見的時候，腦海有個聲音告訴自己：畢竟編輯小姐永遠都是編輯小姐嘛，是能換到哪裡去呢？

任何一次
相談甚歡的面試、

高分合格的**筆試**、

10
話別説太早：
沒拿到offer前一切都是假的

/// 求職的人常常處於兩種狀態，不是過度自卑，就是過度自信。有時候自以為十拿九穩的工作，最後竟然是謝謝再聯絡；以為表現不好沒有機會的職缺，反而寄來offer信，沒有到最後一刻真的是不知鹿死誰手。

/// 沉不住氣的我，常常在自以為很有機會的時候，就跟朋友說：「欸，我偷偷跟你說喔，我很可能會去 XX 雜誌當編輯！」「哇！XX 雜誌很有名耶！」「對啊。」「你真的超厲害的，我就知道你一定可以！」朋友們對於我可以錄取這間業界領導品牌的雜誌，也完全不疑有他，沒有人問一句：「確定了嗎？」這種基本的問題，我甚至自我膨脹到打開租屋網開始看那間公司附近的房子。

/// 事實就在經歷了層層面試關卡後，還是收到了謝謝再聯絡的感謝函，讓我震驚得不知該如何是好。明明我的考試分數、性向測驗、邏輯測驗，以及主管和人資給我的回饋都非常正向啊！當然，一間公司是否雇用員工，必定有原因，在還沒有拿到 offer 之前，全部都是假的。

/// 之後面對朋友們排山倒海的「你不是要去 XX 雜誌工作嗎？」的時候，愛面子的我只能故作鎮定的說：「喔，因為我拿到更好的 offer，所以決定去另一間公司了。」這個故事告訴大家，還沒有真正到手的事物，請不要拿來炫耀。

面試過後 適應新職場 先冷靜下來！

#新職場
#辦公式
#技能
#講幹話

先別得意忘形

順利通過面試，進入新職場，躍躍欲試的你鐵定充滿幹勁，準備大展身手吧？但這個時候，將會是影響未來辦公室生活的關鍵時刻，建議在第一天報到前冷靜一下，以免自己怎麼死的都不知道。

CHAPTER TWO

01
職場最強利器：耳罩式耳機

/// 如果你問我上班族必備的辦公室小物是什麼，我一定毫不猶豫告訴你是耳罩式耳機。

/// 曾經遇過這樣的情景——辦公室裡，主編和作者正在為交稿的作品爭辯。主編認為作者交來的作品有很多不足以出版的瑕疵，提出一針見血的質疑，不知不覺音量大到整個辦公區都聽得一清二楚，同事們面面相覷，顧慮到作者的感受，尷尬的不好意思說話。比較常見的案例，像是主管高聲對前輩員工訓話，前輩員工臉色一陣青一陣白的回到座位，其他同事也不好意思關心，只能低頭裝忙……就是在這些辦公室的尷尬時刻，我發現了耳罩式耳機的妙用。

/// 首先，耳罩式耳機是一個進可攻、退可守的職場利器。只要戴上去，整個人看起來與世隔絕，如果覺得辦公室太吵雜，打開音樂真的能消除絕大部分雜音；但最厲害的是當你沒開聲音時，你不只散發「我現在沒空管別的事情」的氣場，讓旁人不敢拿雞毛蒜皮的事來打擾你，在你旁邊談論重要事物（或八卦）的人，也會因此放下戒心。更棒的是，原本覺得被主管訓斥而沒面子的前輩，看到同事其實根本沒注意到自己，也會覺得如釋重負。

/// 以上就是我大力推薦上班族要準備耳罩式耳機的原因，就算上述功能你不常使用，天氣冷時還能拿來當耳罩保暖。

一開始就把底牌亮光光……

1 底牌亮光光

我除了編務以外，英文也不錯，也做過社群小編，影片剪接也略懂略懂。

靠北啊！一個人被當五人用！

網文也要趕快 po 啊。

影片剪好了沒？

外電翻譯好了嗎？

 POINT　一開始就告訴公司你可以一個人當五個人用，你就會被一個人當五個人用。

02
技能留一手，時機到再解鎖

/// 因為在精實的出版社被操了三年多，轉職準備履歷時，發現自己做過的事還真不少，便一股腦的把所有技能全部列在履歷上，期待未來的新東家會用高薪來聘請我這樣擁有多元技能的人才。

/// 拿到很多差強人意的offer之後，才悟出了一個道理——你擁有多元技能是一回事，需不需要你這麼多技能又是另一回事。你有五種技能，但這份工作實際上只用得到三種，那多出的兩種不只難以幫你談到好價碼，還極有可能變成你的累贅。舉例來說，我原本在編制極小的出版社工作，一個人就身兼文字編輯、社群小編、行銷企劃的身分，美編技巧和影片剪輯當然也是略懂。但接下來到了編制較大的

公司上班，分工明確，理論上只需要用上文字編輯的專業，若在面試時就誇下海口說自己什麼都會，那就會造成一個結果，就是你正職是文字編輯，但被指派了超多其他工作，因為主管覺得「反正你不是說你什麼都會？」結局就是自己做到昏倒，而且還是自找的。

/// 不經一事不長一智，後來我學到了「技能留一手，時機到再解鎖」的道理。比起強調自己什麼都會，面試時應該更強調自己主要技能的專業度。往後在工作上遇到需要使出多元技能的時機，再不著痕跡的露一手給同事和主管瞧瞧，這樣所謂的多元技能才是真正的「加分」，無形之中為自己的加薪或跳槽鋪路。

一開始

編務我沒有問題
英文能力也 OK。

2 底牌留一手

只要秀出你
最主要的專業工作能力。

這樣的話……

上字幕的功能
到底要怎麼叫出來啊？

煩喔。

03
講幹話被當真話

/// 能在職場上遇到跟你一起講幹話的同事，真的是三生有幸。我認為現在所謂的「講幹話」和「講笑話」、「幽默感」是完全不同層次的事情，幹話要被理解需要很多前提，包括對方與你的默契、價值觀、處境和心境，都必須相當契合才行。

/// 我和前同事在出版血汗工廠共事時，時不時以「好想自盡」、「我要從九樓跳下去」作為互相抱怨的幹話，這些話之所以能說出口，是因為我們心知肚明對方不會真的自盡也不會真的跳樓，就是一種你知我知的浮誇式抱怨。

/// 但是當你換了工作換了同事，如果昔日的幹話脫口而出，可能會引起一陣不必要的恐慌。想當年我高中時代最愛講的開場白就是：「畢竟我這麼聰明！」昔日同窗都知道這句話玩笑成分居多，結果有次不小心在新認識的人面前說，就被以為是個自以為是的傢伙，背負了這個形象好一陣子……

/// 總之，剛進入一個新職場，一開始必須徹底捨棄原先的說話方式，等環境熟了再慢慢恢復本性，才是最明智的作法。

前同事曾被某些同仁批評⋯⋯

「自以為讀台大了不起。」

我不懂，

我從來沒在公司宣揚**自己是哪一所大學畢業**的啊⋯⋯

我覺得她完全是活該。

可能是因為**你常穿的那件帽T**？

?

像是怕別人不知道一樣──

可是這件很保暖啊！

NTU

校園紀念T

04
名校學歷少炫耀

/// 我聰明的同事姚姚擁有台大畢業的優秀學歷，平常也自認相當謙虛低調不曾炫耀，卻在一次會議中提醒上司的口誤時，被嘲弄：「哎唷？台大生不以為然。」雖然事後對方發現確實是自己說錯了，但這句諷刺讓同事耿耿於懷，一直納悶明明平常從未拿台大學歷說嘴，為何會被這樣說呢？後來發現，原來是她時常穿寫著大大NTU的校園帽T來上班，所以全公司都知道她是NTU校友啦。

/// 大家普遍認為優秀的學歷在面試第一份工作時最有效果，隨著工作經驗增加，學歷也變得越來越不重要。我曾經和優秀的學霸合作愉快，也和學店畢業的同事默契十足；曾被國立大學的客戶氣到發抖，也被私校出身夥伴桶過一刀，常常令人懷疑學歷到底鑑別了什麼？畢竟在職場上遇到困難，學歷能幫上的忙有限，大部分還是要靠自己努力，但學歷帶來的包袱也很重。

/// 這個故事告訴大家，學歷越高做人要越低調，現代人要學以致用已經很難了，還要小心不要招致他人眼紅，最高學府的帽T，還是在家裡穿就好。

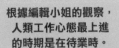
根據編輯小姐的觀察，
人類工作心態最上進
的時期是在待業時。

我是一個閒不下來的人，
希望可以**快點開始工作**。

一但找到工作開始就業，
此上進心就會消失殆盡。

我不要去上班！

05
求職前積極，就業後懶散

/// 根據我的觀察，上班族的心態簡直比曖昧中的男女還要矛盾。在從出版社離職前，我為自己準備好了三個月的生活費，除此之外我還有存款，足以讓自己享受一陣子自由的時光、好整以暇的準備出書（也就是我的上一本圖文書），然後把新書宣傳行程都跑完，再開始找新工作。踏出前公司大門那一刻，內心滿是喜悅，「不用上班真是太棒了！」。

/// 殊不知離職才過了一個星期，就被強烈的焦慮感襲擊。很明顯

的，這樣的焦慮來自「坐吃山空」的不安。是的，我準備好一筆錢生活，但眼看著數字逐漸減少，開始擔心起如果不早點開始求職，會不會錯過企業年後轉職的大風吹，等我開始投履歷時已經沒有職缺了？會不會我準備的錢其實不夠？會不會…就這樣每日糾結在「好想趕快開始上班」的渴望中，書都還沒印出來就到處面試，最後導致還要跟新公司請假去辦新書發表會。

/// 然後過了幾個月，「不想上班」的心情又再次浮現了……

做人好難的職場生存術

職場生存術

抗壓性燒起來！

\#生存術
\#職場友誼
\#抗壓性話
\#八卦

職涯修羅場

職場與職涯相關的書籍，永遠高掛暢銷排行榜，就知道多少男男女女不分老幼都被困在名為職場的修羅場中不知所措！這個章節收錄的漫畫，每一則都是取材自我自己遇過的問題、身邊友人的諮詢，以及讀者來信的提問，漫畫家能提供的建議有限，一切還有賴各位自己實踐。

CHAPTER
THREE

與同事交談氣氛融洽。

上班不要一直講話，會讓人**以為**這裡工作風氣很隨便！

主管

‥‥‥

（安靜）

你們現在是**故意**都不講話，要把工作氣氛弄得很糟嗎？

主管

嗚嗚 *做人好難。*

01
做人好難！推翻過去的工作習慣

/// 一位工作上的前輩曾經說：「我其實不喜歡錄用有工作經驗的人，反而喜歡從零開始培育新人，因為有經驗的人會有別間公司的工作習慣。」這是很有意思的論點，因為在出版業大家都講究即戰力，沒有經驗的人往往很難突破關卡，不過，將沒經驗視為優點的單位，還是有的。

/// 在我工作的第一間公司，同一樓層有非常講究辦公空間「安靜」的部門主管。每當有人喧嘩起來，便會毫不客氣的發匿名信件給整層辦公室的同事請大家「保持辦公室安靜」，見發信警告的成效不彰，還印製了好幾張「寧靜空間」標誌，張貼在辦公室的各個角落，還有一張就貼在我的眼前，想必是針對我想表達些什麼。

/// 換了新公司，我記取之前的教訓，在辦公室輕聲細語，與同事們溝通都用Line，隔壁部門吵鬧嘻笑時，還會投以譴責的眼神，真正做到一個讓人心情沉靜的寧靜空間。結果老闆在月會上指出：「○○編輯部，為什麼死氣沉沉、毫無朝氣？怎麼不像隔壁××編輯部，每天熱熱鬧鬧，要互相交流才有腦力激盪啊！」

/// 什麼！早說嘛。由此可見，進入一個新的環境，要先觀察一下新公司的企業文化再做反應，以免累到自己。只能說職場上做人還真難。

02
做人好難！揣摩上意

/// 我猜很多人在職場上最大的障礙就是不知如何揣摩上意吧？以前我搞不清楚什麼該向主管報告，什麼不用；什麼問題可以問，什麼問題不該問，其實現在也還是搞不懂，本來想說等有天我悟道了再論述一番，結果到現在還是不行。

/// 首先我要澄清，揣摩上意和阿諛奉承是不一樣的。並不是在無關緊要的事物上討好自己的上司就叫做「揣摩上意」，而是在做事情的時候，懂得察言觀色，能把上司可能會有的想法與反應想在前頭，進而先計畫好如何提案、如何說服、如何溝通，甚至在出錯時可以預先設想解釋的說法，以免去一頓責罵、把傷害降到最低。

/// 這是需要練習的，而且是痛苦的練習，編輯這種需要大量溝通的職位，即使不想也會不知不覺得磨練到這個能力。如果你有幸跟到一位真材實料的優秀主管，這樣的磨練也會無形的提升自己的判斷能力，因為不斷地站在主管的角度思考，從中學習到另一個層次的觀點，是再好不過了。

/// 不過，在高流動率的職場上，往往我們花了許多時間適應，終於跟主管磨合出工作上的默契後，主管卻離職了，接著空降了一位個性截然不同的主管。此時請務必告訴自己，從上一個主管身上學到的永遠都是自己的，現在不過是開始修另一堂課罷了。

原本是**同事**　　　　　　變成**好朋友**

革命情感！

原本是**好朋友**　　　　　　變成**同事**

反目成仇

03
職場友誼

/// 「男女沒有純友誼，職場沒有真朋友。」這句話到底成不成立呢？職場上的真朋友，我相信是存在的，起碼當出現共同敵人時，團結就容易產生友誼，有時會演變成革命情感。但如果原本就是朋友，一起工作常常會翻臉，因為兩種狀況：

1. 我們是朋友，很多事情我不想講你，結果累積到最後大爆發，最後反目成仇。

2. 我們是朋友，有什麼事情我有話直說，結果產生嫌隙，累積到最後大爆發，最後反目成仇。

/// 編輯小姐語錄：「同事變朋友，患難與共；朋友變同事，反目成仇。」

04
如何建立職場友誼

/// 好了，現在我們得出結論——男女不見得有純友誼，但職場還是找得到真朋友。在職場要因為共同興趣成為朋友其實是非常難的，但一旦有了共同敵人（討厭的人），那就會快速建立友誼。什麼？你說這樣的理論實在太負面了？

/// 事實是這樣的，我們看看身邊的朋友們，有多少人真的是跟自己個性相近、興趣相近的？如果身邊的朋友都是一些表面上同質性很高的人，那只要參加社團就一定可以交到朋友，為什麼還是那麼多人沒朋友呢？這個問題我思考了非常久，在出版社工作，身邊多得是喜歡看書、喜歡漫畫，甚至政治理念相近的人，但我並沒有因此而多了新朋友。一個人的興趣與價值觀的養成是從小到大的，在人生過程中多半早已有了一群一樣類型的朋友，即使在職場認識了一樣興趣的人，也未必會馬上產生親切感。然

而，如果發生了事件，或是出現了討厭的人，那就像是催化劑一樣，快速產生了「同仇敵愾」的情感。

「討厭」總是比「認同」直覺，認同是經過思考產生結論，那討厭就是潛意識中價值觀對大腦提出的警告。先不論這在學術上成不成立，如果一個人和自己厭惡同樣類型的人事物，不管他表面上是否為你的同類，馬上能形成「同一國」的氛圍，因為潛意識裡我們認同一樣的價值。這就是新友誼建立的起點。有一位同事剛到職時，一副乖寶寶好學生的樣子，跟我天差地遠，我想八成跟她永遠只能是同事，誰知有天她脫口而出一句對某位人物的評價，讓我們赫然發現彼此是知音。

/// 五年後，她和我一起開了公司成為合夥人。

剛到職

比規定打卡時間
稍微早一點進公司。

嗶！

哇啊～
差點沒打到！

到職半年

常常壓秒打卡。

到職五年

我今天會晚到，
如果老闆找我⋯⋯
就說我還沒到。

（編輯部群組）

⋯⋯

05
從打卡方式看你的年資

/// 有兩種職業很難規定上下班時間，一種就是來來去去的業務員，另一個就是靠腦力與創意吃飯的內容生產者們。因此編輯部是個對於出勤規定相對寬鬆的地方，但依然有表定的打卡時間。

/// 我在雜誌社擔任執行編輯，同時也肩負管理編輯們出缺勤的責任。雖說是「管理」，但唯一要做的事情，就是當編輯們過了十點還遲遲不見人影，主管不巧經過看到空無一人的編輯部感到不悅時，要能說得出大家到底去了哪裡。公司的表定打卡時間是九點半到十點之間，但往往到了將近十一點，編輯們都還不見人影。此時我的line會收到各式各樣的理由和藉口——參加上午舉辦的記者會，這當然沒問題；高速公路上塞車，這也可以通融；帶兔子去看獸醫！好的，勉強接受，但這個理由前幾天用過了！兔子這麼體弱多病嗎？

/// 遲到原因的誠意，會隨著年資遞減，還有直接說「我今天會晚到，如果老闆問，就說我還沒到」這種完全不是理由的回答，坦率到令人讚賞。大家最愛問作者會用什麼精彩理由拖稿，其實編輯拿什麼奇怪藉口遲到，才更是值得關注。

/// 至於這些遲到的理由，主管真的接受嗎？這就要看各位平日的表現了，畢竟我們只關心一件事：稿子準時交上來，雜誌準時出刊。

06
職場名聲的重要性

///「良好第一印象」在職場上很重要，一旦成功建立好形象，往後許多事情都會順利許多。

///建立好的職場名聲第一個重點就是敬業。舉例而言，假設今天主管交代一件事情，理論上可以做到60分交差就好，但如果花心思將這件事做到80分、90分，那你的敬業程度就會大大提升。

///第二就是說話技巧。假設主管想把不是你分內的工作丟給你，拒絕是天經地義的，但拒絕的方式很重要，例如這樣應對：「我很樂意幫忙，但我必須把分內的事情優先完成（細數有哪些項目），這個東西很急嗎？」假設這件事情很急又重要，那硬著頭皮接下來做，可以增加經驗和主管的信任度。

///但這種事情多半不急又不重要，此時就說：「那可否先把相關資料發給我，有什麼需要我的地方我盡力處理。」接著瀟灑回去做自己的事情。完成後真的有餘裕，就回去問主管是否需要幫忙；若主管爾後都沒有提起這件事，那也可以主動去問：「上次那件事情，很抱歉沒有幫上忙，後來怎麼樣了呢？」表達你一直有在關心，塑造了體貼周到又值得信任的印象。

///第三點則是謹慎使用職場紅利。有些職場對於出缺勤不會硬性管制，遲到早退主管睜一隻眼閉一隻眼。但如果因此疏忽大意，動不動就早退、睡晚了就直接請半天假，這樣濫用職場紅利總有一天會遭到反撲。

///每一個有志在工作上追求成就的人，都要意識到所有在職場上的努力都不是為了他人，是為了自己。努力或許主管看不到，但客戶、同事，甚至業界會看到，潛在的新機會將被吸引到身邊，自己也會擁有籌碼來爭取。

聽說你分手啦？怎麼這麼突然？
為什麼？有新對象嗎？
（以下省略 500 字）

干你何事

**不熟的同事問東問西
問八卦怎麼辦？**

← 很忙

建議一律這樣回答：

哎呀！
這故事很長啦……
**剛好今天比較忙，
我改天告訴你。**

月底截稿好趕喔，
那件事……
改天告訴你！

三天後。

有事先走了！
上次那個，
改天一定告訴你！

三週後。

*那一天
永遠
不會來到。*

我做到今天，之前那件事，
我改天再告訴你！

三年後。

……

同事

07
遠離八卦一生平安

/// 八卦本身殺傷力不大，頂多令人有點困擾，但如果跟職場上的競爭與算計攪和在一起，就會是很可怕的武器。通常會遇到兩種狀況，一種是不熟的同事一直想打聽自己的私事，雖然很煩躁，但只要不理會或打哈哈，多半可以安然度過。最危險的狀況是一群人一起告訴你別人的八卦，有意無意的逼你表態。

/// 不管在大公司小公司，我都遇過這樣的狀況，例如業務部門的Ａ男與Ｂ女交往的八卦，被編輯部的傳得沸沸揚揚，什麼在攝影棚相擁看夕陽這樣活靈活現的「目擊證詞」都出現了。但實際上的Ａ男與Ｂ女，只是普通的同事關係，幾次

外出用餐就被造謠，追根究底就是編輯部與業務部素來有嫌隙，被逮到攻擊的機會罷了。這些謠言若傳到高層耳裡，工作能力與人品自然會被質疑，進而讓對方在公司裡的評價與地位下降。

/// 遇到這種事情，我誠心建議絕對不要淌渾水，最推薦以：「真的假的？我沒注意過。」回應，如果對方還硬要聊，就說：「那我也要好好觀察觀察。」任何贊同或是批評的話都避免說出口，也不用氣得跳起來指責對方造謠，畢竟潑冷水是結仇的第一步。遇到小團體講八卦，把自己切換到「觀察」的心態應對，是最好的方法。

08
能者多勞的陷阱

/// 能者多勞這句話是職場上出了名的陷阱。其實我並不覺得這是十惡不赦的事情，有時在自己擅長對領域多幫助團隊一點，是頗有成就感的事情。在職場上比起去在意自己是不是被利用，更需要學會「不帶情緒的評估利弊」。

/// 被交代多於職責的工作，第一個湧現的心情一定是「不公平」、「憑什麼是我」，但接著可以想想，這些多出來的任務，是否有能從中學習的地方。我曾經是那個主管最愛使喚、以「比較信任你」為名指派各式各樣任務的人，當初雖然也是帶著怨氣做這些事情，但因此而累積了比同事更多的人脈、更多經驗、更加多元的能力，這一切都在我的下一份工作，以及往後創業的

路上派上用場。每次驚險地解決一個工作上的難題，我都真心感謝那個曾讓我恨到牙癢癢的前主管。這種時候，能者多勞是一件好事。

/// 同時，我也遇過另一間公司的主管，同樣以「比較信任你」為理由交代工作，但工作的內容卻是「幫忙訂餐廳」、「謄打資料」、「回信」，為了這些瑣事加班的時候，就會開始懷疑人生，雖說能者多勞，但能力用在這些地方好像不太對。後來與部門同事極力爭取雇用工讀生和實習生，才終於把我從雜事的泥淖中解救出來。

/// 能者多勞沒有問題，問題是多出來的勞動是否有意義。

壓力指數 **60%**
截稿前突然多出兩頁廣編

> 有廣編就是好事啊，
> 交給我吧！
> 馬上寫。

> 嗯……

壓力指數 **80%**
印前抽稿，頁數不合台。

> 只能補一頁備稿，
> 抽掉那篇報導後，
> 再把廣告加進去……

加班夜，喜歡的泡麵
剛好賣完了。

壓力指數 **110%**

> 靠天咧！老娘加班這麼晚就只
> 是想吃喜歡的泡麵，一間便利
> 商店怎麼能缺貨還不補，有沒
> 有競爭力啊齁氣氣氣氣氣氣

啊～～～

最後一根稻草。

09
自我流派抗壓法則

/// 不管任何工作都會有壓力爆棚的時候（就算是你覺得最涼最閒的工作想必也有），如果你的工作是常態性壓力爆棚（例如你像我一樣是個固定會碰上截稿日的編輯），那找出讓自己對抗壓力的方法是非常重要的。

/// 我在高中的時候得了胃潰瘍，醫生判斷我是「考大學壓力太大」導致發病，但我自認對考試毫無得失心，也不曾因為讀書不吃飯，為什麼會胃潰瘍令我非常疑惑。醫生說，很多時候我們感覺不到自己的壓力，可能是下意識忽略或是被灌輸的正向思考價值觀。總之我從那次經驗學到，即使覺得自己辦得到或不在乎，也要預先把崩潰的可能考慮進去，畢竟心理扛住了，生理可能扛不住。

/// 我的做法是為自己設立一個獎勵機制，例如截稿週通常要加班到晚上，就設定加班的夜晚可以買昂貴的日系泡麵當晚餐、每完成一篇稿子，早餐的咖啡就從冰美式升級成榛果拿鐵之類的，長期催眠自己下來，遇到加班的時候同時也會想到「哇可以吃高級泡麵了」去中和自己的負面能量。

/// 所以我唯一一次在截稿週大崩潰，是高級泡麵賣完的時候。

我是文字編輯，但我也負責行銷企劃、文宣排版社群小編，還有拍影片......以及當故事老師、帶活動。

哇，你真是個**斜槓青年**。

不不不，

所謂的斜槓，應該是一個人有好幾份工作，**不是一份工作要做好幾個人的事。**

不一樣的。

你突破盲點！

請注意！

POINT 勿以斜槓之名，行自我剝削之實。

10
斜槓不是這個意思

/// 上班族每一次聚餐時，都不免要細數一下各自工作的「繁雜」，曾有一位在媒體工作的編輯朋友，提及自己的職稱明明是某某線的採訪編輯，但卻還要支援其他線、臉書貼文、文稿排版、寫廣編企劃等等工作，席間有人說了一句：「所以你就是所謂的斜槓青年！」

/// 我想想覺得不對，馬上說：「等等！所謂斜槓青年是『一個人有好幾份工作』，不是『一份工作要做好幾個人的事』，不要弄錯了。」所有人都恍然大悟。

/// 沒錯，斜槓當然是個趨勢，意指一個人有好幾種技能與身分，能創造多元的收入。這個定義時常被誤用。我曾經面試一份知名媒體集團的工作，對方主管說：「我這個編輯團隊必須企劃並自製，還有知識人文、文學、閱讀主題粉絲團經營，很斜槓喔！」當時我一度覺得很有趣、很有挑戰性，但轉念一想——不對！這是陷阱，各位企業主或主管別只挑對自己有利的部分詮釋斜槓啊！

/// 在這個世代中，每個願意學習的人都能成為通才，但要避免讓斜槓一詞，成為剝削的理由。

有時候提案被拒絕時——

這次拍的黑色腕錶，我想用**爬蟲類**來搭配。

腕錶拍攝企劃：
爬蟲類

感覺有點噁心。

不好說……

怕品牌會覺得觀感不佳。

腕錶拍攝企劃：
冷血動物

我想以**冷血動物**來凸顯黑色錶款的暗黑風格。

帥吧。

換個說法差很多。

好耶！

聽起來超帥好酷喔！

會聯想到哥吉拉！

11
提案的藝術

/// 在出版社與雜誌社工作的歲月裡，經歷過大大小小提案經驗。坊間有很多教如何提案的書，訴求都是精準打中客戶的需求，但是做雜誌拍攝這種創作層面居多的提案就有點微妙了，有時真的是天時地利人和才能一次過關。時常提案不過，會看到編輯垂頭喪氣，尤其剛入行的年輕實習生或新鮮人，對於被打回票的提案總是非常在意。

/// 我曾經在規劃一次腕錶靜物拍攝，主題是總編輯訂好的「暗黑」，當月合作的錶款都是些黑色面盤或風格帥氣的款式。我當時想到，暗黑風格的元素時常有蛇，但多半是用圖素合成，我決定要做就做全套，要找真正的蛇、蜥蜴等等「兩棲爬蟲類」來拍攝。但提案的時候，業務單位都憂心忡忡的說，爬蟲感覺「形象不好」，不確定品牌能不能接受這個提案，幾次社內提案都被打回票。

/// 後來我轉念一想，也許我不該講要拍「爬蟲類」。於是下一次提案時，我改口對業務們說，我這次要拍「冷血動物」。突然間，大家都覺得超酷炫、超可行，又帥又暗黑，有夠歌德。業務部去向合作品牌報告進度時還加油添醋的說：「要拍哥吉拉。」我可沒這麼說！

/// 那次拍攝，我徵求了幾位爬蟲飼主合作，攝影棚裡有一隻鬆獅蜥、兩條蟒蛇、一隻鱷魚、一隻烏龜，拍出來的效果真的很兇很暗黑。托「冷血動物」的福，這組照片成為我時尚雜誌職涯的代表作之一。

/// 如果你的提案被駁回，先不要急著怪罪自己的想法不夠好，有時候出問題的並不是內容本身，而是提案的方法。下一次提案，換湯不換藥，再試一回吧！

看看這社會
對我們做了什麼？

12
道歉又如何？

/// 道歉認錯不是簡單的事（否則就不會有登報道歉這種判決出現），尤其是當你覺得自己沒有犯錯的時候。

/// 之前一位朋友正在為了必須向一位職場上的前輩道歉而糾結，問題並不是誰對誰錯，而是兩人想法不同造成的一些爭執。眼看可能導致合作告吹，其他人都勸朋友去向前輩賠不是了事。但「我又沒錯，為什麼是我要道歉」的不甘心讓他抗拒。

/// 其實在職場上，不要把道歉想得很嚴重，如果真的自己出錯了，誠心道歉不可或缺；若是迫於情勢或理念之爭，就當作是為了職涯必須做的「一點小讓步」即可。

/// 雖然表面上好像自己輸了，但內心知道沒輸，面子跟裡子當然是裡子重要呀！

職場怪現象

不想遇到的都被你遇到

#底線
#熱誠
#壓力
#同事

！

讓人傻眼的二三事

本章節收錄一些有點煩人、不是太嚴重但令人很無言的職場怪現象。這類型的問題多半當下很賭爛，事後回想覺得傻眼好笑，如果職場少了這些怪現象，反而才是怪現象呢。

CHAPTER

FOUR

01
職場上最不想遇到的人

/// 很多時候，一些資深的人不見得真材實料。會議上把下屬提出來的企劃，煞有其事的重組句子覆述一遍，再加上似是而非的工作分派，這個提案聽起來，就像是「上司輔導下屬一起做出來」一樣，功勞絲毫不減。遇到這種上司先別氣到拍桌離職，我們在職場上爭取的不是上級的評價，而是業界的評價、客戶的信任，愛蹭功勞的人，就讓他去蹭吧！這個世界的人並不是瞎了。

02
一個deadline各自表述

心理測驗，測出你適合當執行編輯嗎？

/// 題目

當我說「這個稿子我禮拜一要」，你的理解是——

A・禮拜一上班就交稿。

B・禮拜一下班前交稿。

C・禮拜一開始寫，啥時能寫完不知道。

/// 解答

選A・你適合當執行編輯，而且美編也覺得你很棒。

選B・你適合當執行編輯，但美編很討厭你。

選C・嗚嗚嗚求你快交拜託拜託哭哭嗚嗚嗚。

03
熱忱

/// 找到熱忱，並把其當作自己的志業，我絕對是舉雙手贊成。不過，能當作熱忱的事情很多，但能養活自己的少之又少。大部分的時候，我們不得不選擇一份能維生的職業，並試著在生活之餘做自己真正喜歡的事。

/// 至於老闆呢？他們多半就是成功地將熱忱發展為事業賺錢，又或者熱忱就是賺錢。所以他們會理所當然的覺得員工跟他們擁有一樣的熱忱。這種時候不用解釋，馬上舉手贊同就對了，反正真相是什麼，自己知道就好。

04
確實很辛苦！

/// 每當一個案子結束，參與的人員都會互相問候一下彼此的辛勞，以前大家對我說：「辛苦了！」我都會回答：「哪裡哪裡，應該的。」現在我都會說：「真的，確實滿辛苦的。」當我向別人說：「辛苦了！」而對方客氣回答：「你們比較辛苦！」時，我也會說：「對，我的確滿辛苦的。」

/// 這就是我當編輯五年的體悟。職場上，常常看到認真做事的人往往不太居功，反而是撿尾刀的人格外喜歡邀功，所以認真做事就要大聲說出來！就算沒有加薪，至少要讓自己的口碑傳出去。

上班族同儕壓力：大家都沒走，自己也不敢走……

05
準時下班的艱難

/// 很多時候因為突如其來的任務、聯絡不上的客戶、趕不完的進度，而無法準時下班，但有時候在天時地利人和的情況下，會出現彷彿可以準時下班的一線曙光！

/// 接著看向一旁還在工作的同事，我們就會被自己的懦弱擊敗。

/// 不敢先下班的辦公室文化真是害人不淺。我在兩年前轉職到相對加班需求不高的出版社，並且執行早點進公司、提高工作效率的準時下班挑戰（準時下班竟然變成一種挑戰，想想也是滿可悲的。）。

/// 實測發現，把工作做完不是最難的，不要受到還沒下班的同事影響，勇敢拎起包走出去打卡下班才是最困難、壓力最大、負擔最重的。不過大家要知道，大部分這種壓力都是自己給自己的，另一位總是準時下班的同事問我：「我每次都這麼早走，你們會不會覺得我很混啊？」我說：「啊，我根本沒有發現你已經走了。」

/// 真的沒人在乎你幾點走，事情做完就默默退場吧。

嗚嗚嗚，我好爛，我想回家。

06
先褒後貶

/// 有些工作的本質就是相當不討喜，因為我們就是要挑出錯誤、指出問題，例如我從事的編輯工作，以及我同事負責的PM（專案經理）工作，準備發表看法之前難免要想一下如何講話才不會得罪人。

/// 不過說穿了也就是先褒後貶或先貶後褒兩種選擇，批評的話不管放前面還是放後面，都一樣激怒人。所以顯然不是順序的問題，是比例的問題。

07
臭臉同事沒生氣

/// 從小我就被長輩誇獎說很「笑面」（tshiò-bīn），我也一直把這一點當作優點之一，畢竟「伸手不打笑臉人」嘛！笑口常開總是好事。直到我認識了我同事，也就是後來一起創業的夥伴姚姚，她是不折不扣的「漚屎面」（àu-sái-bīn），好像笑一下就會要了她的命一樣。她剛來上班時，我因為常常以為她在生氣不敢跟她說話，平白無故的短少了好幾個月的友誼。

後來發現笑臉人跟臭臉人一組，簡直是所向無敵的組合，我們一起出門，一個扮黑臉一個扮白臉，講價、提案、吵架（？）都可以搭配得天衣無縫，想要叫美編改稿，她什麼都不說站在那邊，美編就自動馬上開始改。

/// 如果你也有一個臭臉同事，請珍惜他。

越加班越胖
下班了嗎？
別高興太早！

#下班
#休假
#省錢

認真工作快樂玩？

誰都想下班後不再想工作，實踐「認真工作快樂玩」，但真相往往就是在上班的時候混水摸魚，下班的時候煩惱業績。要不就是下班後比上班時還忙碌，你也是這樣的人嗎？

CHAPTER
FIVE

01
反效果紓壓

/// 打電動被視為一個糜爛而毫無建設性的娛樂，也是廣大上班族和學生紓壓的方法。

/// 有次在雜誌上負責執筆一個小專題是「電玩文化」，我寫了一篇〈電玩知多少〉的文章，分析電玩的演進以及為什麼電玩令人沉迷。為了能更體會打電動的樂趣，也認真的開始玩PUBG，發現這遊戲真是非常困難；嘗試了LOL，更是完全無法記住如何操作。

/// 一直慘輸讓人非常不甘心，被隊友說很雷也讓人相當介意，每天先在LITE版練習，然後再去Normal版成果驗收，拿出小時候練鋼琴的態度練習。導致下班後打電動，壓力不僅無法得到紓解，還讓心情變得格外沉重。唉！畫圖和上班還比較有趣。

/// 雜誌出刊後，合作的翻譯老師還傳訊息説：「妳那篇電玩的文章寫得不錯喔！」當然寫得不錯，我可是實際投入其中去感受電動是怎麼一回事啊。不過專題做完，我就把遊戲刪了，人還是不要勉強自己做不擅長的事情比較好。

02
休假還比上班累

/// 期待已久的休假終於到來！結果……平常日因為要上班又加班，導致沒空去銀行、收不到掛號信、追不上垃圾車、跟不到回收日、一直沒去換機油，更別說看牙醫、剪頭髮、採買、打掃等等，集中在休假日一口氣把所有事情做了，完全沒有休息到啊。

03
職災

/// 通常出社會超過五年後，身邊的同事大略會分成兩種，一種就是比原本胖很多的，一種就是比原本消瘦不少的。同樣是不幸的職災裡面，也有分成比較能接受的不幸，和比較討厭的不幸，不知該說老天爺是公平還是不公平。

04
省小錢花大錢

/// 我離開公司，開始自由工作，以創作為主業後，很多人問我怎樣存錢，以及關心我的收入，我都不敢給任何人建議，因為我也是處於一個戰戰兢兢、如履薄冰的狀態。所以我常常去煩我的塔羅老師。

/// 我曾經逼問她：「我的命中到底有沒有帶財？」因為我小時候在廟裡抽詩籤，抽到「一生富貴，終生奢華」這樣吉利的句子，所以我篤定我想必是公主命。結果老師說：「你的命格並沒有帶財。」我不死心地說，可是我覺得我應該是命很好才對啊？塔羅老師無奈的補充：「沒有帶財，但也沒有漏財，不過有容易省小錢花大錢的傾向。」這聽起來好多了，只要克服省小錢花大錢的習慣，應該就可以順利提升我的財務狀況。大概吧。

05
下班沒帶腦

/// 承第81頁，我的準時下班挑戰在截稿日逼近時完全破功，有些職業的工作型態，就是難以用制式的上下班制度來規範。

/// 截稿或結案的時候，工作會排山倒海而來，導致下班前發生了拿悠遊卡打卡的糗事。好不容易截稿、送印，好像把腦也留在辦公室了，下班恍神的我還在搭車時發生糗事——從錢包掏出千元鈔試圖感應捷運閘門，而且停留了一兩秒發現怎麼沒動靜低頭一看才發現。趕緊拿出正確的卡出閘門後我完全不敢回頭，覺得太丟臉了。相比之下，拿悠遊卡打下班卡還沒那樣糗。

06
魚與熊掌

/// 雜誌截稿前夕，編輯部竟然有同事請假跑去live house表演！身為執行編輯，雖然內心難免覺得「為什麼偏要選在這種時間」，但同為斜槓青年，非常能理解這種衝突的情況在所難免。眼看還有幾篇稿子沒交，同事已經要登台了，此時到底要如何兼顧專業的執行編輯，以及身為好友的支持呢？

/// 最後我們製作了一張獨一無二的應援板。總編聽聞同事要演出，念了幾句「都要截稿了還搞這些」，我們馬上秀出那張應援板，告訴總編我們將到現場去討伐這個截稿日跑去表演的嚴重罪行。

/// 後來演出順利，雜誌也順利截稿，誰說魚與熊掌不可兼得呢？

07
編輯也會下班？

/// 過去在學校，如果放學前拿出化妝包化妝，同學都會調侃：「難得看你化妝，等等要去約會嗎？」出社會後，如果在下班前拿出化妝包化妝，同事則會大驚說：「難得看你下班！等等要去約會嗎？」真是令人哭笑不得。

/// 在出版、媒體這樣工時不固定的行業，很多時候即使到了下班時間，大家都還是在座位上文風不動，尤其到了截稿週，整間辦公室一直到深夜仍燈火通明。身為執行編輯，多半必須待到編輯交稿、美編完稿，確認稿件都可以送印之後，才算真正的「截稿」。

/// 「什麼？原來你也會下班！」偶爾準時離開辦公室，還會在電梯裡遇到一臉驚奇的同事。是的，編輯偶爾也會下班的喔！

頭過身過

四格漫畫集

人生不糾結！

#尊嚴
#時間管理術
#好想轉行
#加班口頭禪

四格集錦

2019 年末，我開始在聯合報的繽紛版「青春名人堂」單元連載職場四格漫畫。

是的，在全世界的網紅都開始做 Podcast 的時候，我在報紙上連載四格漫畫，我就是這樣泰然自若地走在時代的末端。然而，四格漫畫是我最喜歡的漫畫形式，精簡、沒有廢話，一個故事就是起承轉合，不由分說，不需要1.5 倍速觀看，也不用拉什麼時間軸。若將我們遇到的事情看作起承轉合，也不過四個階段就過了，何須糾結？

CHAPTER SIX

01 尊嚴

想要……尊嚴
必須夠資深

① 啊～～～
氣死我了！

怎麼啦？

② A 副總出了一個包，
B 總編想處理結果
又得罪了 C 廠商，
然後……（以下省略百字）
最後我們下屬要收拾。
為何都已經做到高階主管了，
還會犯這種
低級錯誤？

③ 因為我們都錯了，
有時一間公司能熬
到高階主管的，並
不是那些最優秀、
最有能力的人。

不然呢？

④ 是那些能力不足，沒有別的
地方去，只能用資深作為籌
碼求生存的人！

好……
好像是！

 POINT

然後底下有能力的人
早就跳槽光了！

105

02

（微笑） 風度 （微笑）

03

下班邀約

加班自助餐

（總是沒空）

04 如期完成

壓底線時　　　　　靈感才來

05
善用時間

想要　　　*最後都沒有*

1 又是一個在家工作的美麗早晨。

接起老闆打來交代工作的電話。

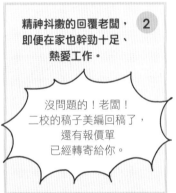

2 精神抖擻的回覆老闆，即便在家也幹勁十足、熱愛工作。

沒問題的！老闆！
二校的稿子美編回稿了，
還有報價單
已經轉寄給你。

老闆以為此時的你——

沒問題！

3

實際上此時的你——

睡前追劇

沒問題！

省去通勤的時間用來打電動

稿子

4

07
療癒
(安慰自己)

這個月工作也太不順了吧！印刷廠出錯、被瘋狂客訴、文案寫不出來、作者拖稿……是水逆嗎？

1

看一下這個月的星座運勢好了。

2

天平星座的朋友，恭喜你這個月工作運大好！

3

靠北啊，這樣已經是「大好」的狀態？那不好的時候到底有多糟？不是説看星座運勢很療癒嗎……為什麼我這麼不幸……

4

轉行

我走～

我走～～

09
湮滅證據
（保持鎮定）

1

最近你工作運很好，
有加薪升遷的機會喔！
老闆也會看重你。

2

算得好準！

3

哇，**這陣子工作運不好喔，**
桃花也比較弱，要到明年
九月才是新的開始……

4

算命啥的都是迷信啦，
我壓根兒不信那套。

11
生理時鐘

12
言不由衷

微笑！

別說真話！

13
明察秋毫
哪招

14

看場合

可別 自嗨過頭呀

① High 起來！

今天尾牙，我來
為各位獻唱一曲！

好耶！

②

有時陣為著渡生活～
就愛配合別人心晟～♪

選曲：黃乙玲
〈人生的歌〉

③

因為你嘛知
咱永遠為別人在活～～～

④ 點歌請看場合。

沒、沒有……

在這裡工作
你很委屈嗎？

主管

15
苦肉計 *徒勞無功*

1
快要熱死了……
怎麼這麼曬啊……

嗚啊

出差到偏鄉
做採訪。

2
我有帶防曬乳，
妳也補擦一下吧？
會曬黑的。

3
沒關係，
就是要曬黑回去
老闆才看得出我們
跋山涉水的辛苦啊！不然
還以為我們都在
旅館吹冷氣哩。
這叫苦肉計！

有
這
招
？

出差玩很爽齁？
趕快稿子寫一寫還有
兩個企劃等妳交。

曬
成
這
樣
是
跑
去
哪
偷
懶
？

4

徒勞無功。

16

我太難了～

訂價

①

唉，庫存剩好多
可能賣太貴了，降低
售價來促消吧……

②

竟然順利賣光了！

完售

③

你們的價格超佛心，
整個**物超所值**耶！
真的是 CP 值超高的店家。

（5 星好評！）

④

可惡，
有點後悔降價。
訂價好難……

17
最困難的事

安慰自己

1

身為一個時常要做簡報、
想提案的企劃編輯，

專業人士！

構思與做 ppt
不是最難的，

2

3

會報和提案
也不是最難的，

Logo 要放哪裡才是最困難的。

放左邊一點……
右邊一點……
再右邊點……下面一點
試試？等等，置中好了，
嗯……原本比較好……

4

真的好想離職

我該走該留？

#標籤
#辭呈
#離職算命
#辭職後

離職不可恥且有用

很多時候，工作陷入瓶頸，每天被進度追著跑，親友問起只能兩手一攤說：「我也沒辦法。」事實上，如果你是員工，那你永遠有一個辦法，就是離職。然而，不建議大家「一氣之下」拍桌離職，離職必須是仔細思考、深思熟慮。如果沒想清楚自己受不了這個職場的原因，那下一份工作重蹈覆轍的機率依然很高。

CHAPTER
SEVEN

01
永遠的標籤

/// 第一份工作給人留下的印象總是特別深。我離開出版社一陣子後，曾參加某個分享會，與會者一一上台分享自己的職業，以及在工作上遇到的難題。在這個場合我發現從事行銷企劃的人意外多，大概有七成吧？想投入行銷工作的人也多，然後大家問的問題也有一大半是跟做行銷有關。

/// 但我覺得最好笑的是，說到「低預算的行銷」，主持人第一個就點名我，說：「可以問 Yuli，她以前在出版社工作。」等等！出版社編輯給人的印象就是行銷預算很低嗎？我接過麥克風時趕緊澄清一下，我們常常是「沒有預算」而不是「預算很低」，畢竟很低代表還是有，那是截然不同的喔。語畢，哄堂大笑。

/// 就連面試新工作的主管也說，你之前在出版社上班，那應該知道很多 cost down 的方法吧？預算交給你管理應該很令人放心。就這樣莫名其妙的接下編列與核銷預算的工作，這個很會 cost down 的標籤，不知道離職幾年後才撕得下來？

02
難以脫離的苦海

/// 感情問題，我一律建議分手；職場問題，我一律建議離職。開玩笑的，我不會這樣建議大家，主要原因是，職場永遠都會有問題，離職好像一時解決眼前的痛苦，但下一份工作一開始，問題要麼像是詛咒陰魂不散，要麼就是彷彿被新的怨靈纏上。不談戀愛不會怎樣，但不工作會沒錢，這也是沒辦法的事。

/// 離職不是萬靈丹，真正的苦海是永遠無法脫離的，面對吧！

03
辭呈

/// 很多人覺得特別寫辭呈很麻煩，口頭或傳訊息提離職佔多數。但我始終認為一封充滿誠意的辭呈，有助於你全身而退、留下好印象，為自己的職涯累積紅利。不管是轉行還是出國，我們永遠無法判斷自己未來還會不會遇到當初前東家的主管，也無法肯定的說自己再也不會受到影響⋯⋯至少我認為沒有什麼事情是一定的，好好地說再見、感謝公司這段時間的照顧，是保護自己的行為。

/// 自從看到那些拍桌大喊「我不幹了！」甩頭離職的同事，一年多後又回鍋來上班，更加確信「天下無不散的宴席」這句話有待商榷。

決定要不要分手時。

氣死我了，我一定要**跟那個渣男分手**！

我朋友推薦一個塔羅老師很會算，要不要去問問……

算個鬼喔！我說分手就是確定要分手！

決定要不要離職時……

老師，我要問**我該不該提離職**，要何時提、怎麼提，或是緣分未盡，我應該繼續努力看看？

這種時候倒是要算塔羅了……

心裡默念老闆的名字一次生日一次……

其實來問工作的人不比問感情的少喔！

塔羅老師

130

04
離職算命

/// 為了「該怎麼提離職」而困擾的人，搞不好比為「該怎麼分手」的人還要多。分手提的不好，可能會被情緒勒索、甚至人身安全受到威脅；離職提的不好，可能會後患無窮、名聲受損，嚴重者還可能被拖欠薪資。總之，提離職跟提分手很相似，都讓人戰戰兢兢，百般糾結，根據塔羅老師的說法，來算如何提離職的人，和算如何題分手的人不相上下。

/// 沒錯，我跟同事第一次去算塔羅牌，就是為了決定該不該跟前東家提離職。至於算得準不準呢？其實當時塔羅老師給了我們幾個時間，但在算完隔天，情況急轉直下，我們兩人就在當天先後提了離職。只能說人算不如天算。

好，我走，我辭職總行了吧……

05
辭職前，辭職後

/// 在職場打滾這些年，我聽過來自主管的毒舌批評多不勝數，從午休時暗自垂淚到後來完全泰然自若。當我職涯中第一次提離職，才真正懂其實主管說出情緒性或打擊自尊的話，真的不要往心裡去。當

你表明了辭意，可能會聽到截然不同的評語。

/// 學會分辨批評的話中哪些真的該學習，哪些要拋諸腦後，提過一次離職就會懂。

時尚雜誌編輯哪裡時尚？你想太多惹！

- #編輯職災
- #道具
- #尾牙惡夢
- #廣播

時尚雜誌編輯的難題

為什麼同樣的編輯工作，冠上「時尚」兩個字突然就變得超有魅力，超吸引人？究竟在時尚雜誌工作會遇到什麼挑戰？本章節收錄我在時尚雜誌工作將近兩年的所見所聞，以及這一行獨有的職場難題……

特別篇

CHAPTER

EIGHT

封面拍攝象徵著一本雜誌的品味與風格，也是每個月最重要的單元。究竟**實際工作**情況會是如何呢？

01

時尚雜誌的封面
是如何完成的？

/// 當我從童書出版社，轉行到時尚雜誌時，發現很多人把在時尚雜誌工作視為一種很夢幻、神祕、理想中的工作。或許從外表看起來是如此，這份工作確實有很多很有意思的地方，看起來華麗的時尚雜誌編輯，現實中究竟是如何呢？

/// 一本雜誌最重點的單元：封面故事。封面對一本書來說很重要，對時尚雜誌這種主打視覺的類型更是馬虎不得。封面呈現了這本雜誌的定位、品味、時尚主張，從合作的藝人、品牌到拍攝手法，都是在向觀眾述說這本雜誌的內涵，從封面配合的服裝品牌，也窺見這本雜誌的權威性，例如頂級的國際時尚雜誌很少出現一線品牌以外的服飾作為封面。

/// 在雜誌社工作與在出版社最大的不同，是團隊真的很多人。在出版社了不起就是作者、編輯、美編、印刷廠這些人，有很多角色都網路聯繫也不會在公司出現，但執行拍攝就不一樣了，大概會有一打以上的人要溝通與配合。在雜誌工作，真正與「文字」相處的時間反而不多，更多是在打理各式各樣的雜事，反覆的確認、聯繫、借道具、還道具、借衣服、還衣服，忙完終於可以來寫稿了……就發現已經是晚上啦！加班就是這樣造成的。

雜誌每一期的封面都有品牌下廣告,
這是時尚雜誌非常重要的營收。
因此**封面拍攝的人選**,
是由編輯部與廣告客戶一起決定的。

決定雜誌
封面人選時。

劉○華?這麼大咖
最好敲得到啦。

← 客戶提供
的名單

通常會有一到三個人選,以免藝人檔期無法配合。

達成共識後編輯部開始敲藝人,
幸運的話一通電話搞定,
不幸的話⋯⋯

太棒了!順利敲定!

什麼!在對岸拍戲,
好吧,太可惜啦。

我不管,
我就是要
劉○華。

POINT 客戶很盧也是問題。

有時發生藝人在國外拍戲無法配合,
也常發有其他品牌的代言合約而無法穿戴客戶的品牌,
這都是在決定人選時必須考慮到的細節。

WORK 2

除了藝人通告之外，還有髮型師、化妝師、攝影師的檔期要喬。

早春的 sample 還沒到喔……

同時衣服和腕錶也是有檔期的！總之就是**一連串聯繫**。

太棒了！那當天妝髮麻煩你啦

這支錶沒有進台灣嗎？

編輯部的前置作業如下

前置作業。

計算機

執行編輯
估算製作費，審核發放。

服裝編輯
商借服飾配件。

採訪編輯
準備採訪的訪綱。

美術編輯
・布景道具
・加工製作

被當作貨車使用。

編輯時常自己開車去木材行或道具店載東西。

WORK 3

在拍攝日的前一天，
要確保一切都準備妥當。
衣服要搭配好並燙平，
reference 也要與經紀人和品牌對過。

拍攝日的前一天……

拍攝參考圖

攝影棚也一切就位。

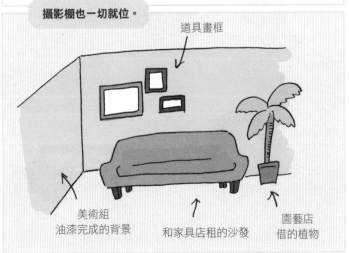

道具畫框

美術組
油漆完成的背景

和家具店租的沙發

園藝店
借的植物

WORK 4

此時攝影棚會被擠得水洩不通，
以下是會出現在封面拍攝現場的工作人員

拍攝日的工作人員。

攝影美術組

平面攝影師　　動態攝影師

這年頭除了平面拍攝以外，都會拍動態。
所以拍攝時間增加、道具器材增加、成本增加、
助理的人數有時也不得不增加。

拍攝現場時

視覺總監　　美術組待命中

負責統籌雜誌視覺的最高主管通常會在現場，
直接針對拍攝的成果下達指令。
美術組隨時準備應付一些道具的突發狀況。

各種編輯的分工。

馬上來！

服編！褲管調一下！

服裝編輯

其實就是造型師的工作，除了幫藝人搭配換裝之外，現場也要處理例如褲管太長、衣服太大、領帶歪掉、袖子沒捲好之類的問題。身上會備有大量長尾夾、橡皮筋、迴紋針等等。

平常負責撰寫腕錶相關報導。在**拍攝時負責**例如調時間、調整鬆緊，還有盯著攝影確保照片裡的腕錶沒有被袖口擋住等**盯場工作**。

腕錶編輯

←藝人的手

200萬的錶

暫時沒什麼工作的採訪編輯時常被差遣去**跑腿**。

採訪編輯

WORK 6

合作品牌的公關們也會來到現場，
確認拍攝的狀況。
**如果是單價極高的珠寶
和腕錶品牌，
還會有保全隨行。**

公關與保全

髮型師　　　　化妝師　　　　　助理們

有時候髮妝老師是藝人指定或特約，
有時是編輯部習慣合作的人選。
男藝人的造型陣容一點兒也不輸女藝人。

各種一起工作
的人員。

經紀人一定會到場，
一臉嚴肅的確認每一個細節，
**敲通告也都是跟經紀人聯繫，
所以打好關係很重要。**

經紀人　　　助理

所以在拍攝的時候，
整個攝影棚會擠得水洩不通，
藝人在眾目睽睽下自在的表演，
又要拍平面，又要拍動態，確實令人佩服。

拍攝現場一片混亂。

根本看不到藝人在哪

太擠了吧……

雜誌封面加上內頁採訪的圖片，一次會拍 4 ～ 5cut。
結束後採訪編輯便會進行專訪，為封面故事取材。

快遞來收 Dior 了！

沙發先搬過去！
那邊燈先收一下！

時常在一片
混亂中訪談。

錄音

錶先不要收！
補拍一下細節！

WORK 8

接下來的流程就是
大家耳熟能詳的編務

關於編務
的流程。

團隊進行挑圖、修圖

採訪編輯交稿

挑選的圖必需要人物好
看、細節清晰，客戶的
商品一目瞭然（例如耳
環被頭髮或帽子遮住，
那就不行！）

通常會寫 3000 ～ 4000 字
篇幅，而且**通常會拖稿。**

美編排版

**排版完成後，會給經紀
人和客戶確認**，是否有
什麼錯誤、不能披露的
資訊，以及品名定價是
否正確無誤等。

與書本一樣，
雜誌中每個單元
都會經過
一校、二校、三校。

編輯校對修潤

經紀人、客戶過稿

完成！

同時也開始準備
下一期的封面。

時尚雜誌編輯承受著
不為人知的嚴重職業傷害。

這樣小一個包包
九萬，不如去搶。

有錢我也
不會買。

（原本我們是這樣的）

各位媒體朋友，
新上市的腕錶
定價 30 萬，
相當容易入手！

這款紅寶石項鍊，
價位
落在 500 萬。

這款〇〇〇克拉
的鑽石手鐲，
要價可以
在台北市買房了！

天啊，九萬元！
超值得。

買了。

（現在變成這樣）

價值觀已崩裂。

02

時尚編輯的職災

/// 在幾年前，我還是個看到標價超過四位數就會面露難色，看到一個包包九萬塊，會震驚地直呼是天價的普通小資女。

/// 殊不知在時尚雜誌當編輯兩年，我看到三十萬的卡地亞腕錶，心裡竟浮現「好便宜」這樣的想法，更別說回去看九萬元的包包，覺得其實也沒有很貴，頂多是中價位嘛！

/// 這個可怕的「價值觀崩裂」職災，尤其嚴重好發於負責珠寶鐘錶線的採訪編輯，因為天天接觸到業界最高單價的物品，已經失去判斷能力。但這個職災最恐怖的，不是讓你變成一個奢華拜金的傢伙，而是你的薪水並沒有跟著提升，所以變成一個眼高手低的討厭鬼。太可怕了。

開箱跑記者會的採訪編輯

剪片修圖用的個人筆電。

可以毀滅所有髮型的安全帽。

編輯部共用的徠卡
（沒借到就手機拍）

新聞稿

名片

公司很偏僻但記者會都辦在市區所以必須騎車。

實用帆布包包
（某次記者會贈品）

筆

編輯就是這麼樸實無華。
對，真的樸實無華。

03

時尚編輯的時尚配備？

/// 每次大家聽到時尚編輯去出席卡地亞的新品發表會啦、帝舵錶的記者會啦、品牌邀請韓星站台的開幕啦⋯⋯都會露出羨慕的樣子說：「好好喔！」、「好高級喔！」現在就來開箱外出跑記者會的編輯到底是什麼配備呢？

/// ⋯⋯超無趣的，就是很一般。

04

挖坑給自己跳

/// 編輯是一個知識涉獵必須非常廣的職業，因為你永遠不知道下一本書會是什麼主題。雜誌編輯也是一樣，你永遠不知道下一期會寫到什麼東西。

/// 時尚雜誌的範疇除了服裝之外，當然也有生活風格、吃喝玩樂等內容，其中又有介紹3C產品的單元。有一次原本負責3C的編輯離職，但業務正好談進了一個品牌的廣編合作，就找上我來執行。業務説，「客戶特別交代，這次新聞素材的專有名詞有點多，內容比較硬，怕編輯看不懂」，馬上激起了我的莫名其妙的競爭意識把這工作接下來。

/// 結果真的超難的，花了比原本預期的兩倍時間才完成，唉，人真的是要量力而為，不要搬石頭砸自己的腳。

最近接獲通報，
有一名奇怪的女子
四處出沒，
提出各種
詭異的要求。

老闆，這個保險絲……
我要買 600 個。

啊？

電料行

五金雜貨店

老闆娘，這個
黑色霧面彈簧
庫存有多少？

我全包

500 個。

她是正在執行拍攝企劃
四處找道具的雜誌編輯。

公園

小姐，請問你
需要幫忙嗎……

路人

被 cost down
不想去花市買。

05

編輯都是省錢達人

/// 身為雜誌的鐘錶線採編，必須執行重要的腕錶的拍攝單元。在每個月月初，編輯必須想好企劃，並向公司申請預算。有時為了呈現一些特別的視覺效果，必須以很異於常人的數量採買奇怪的東西；為了節省經費也是無所不用其極。有時店家會直接問：「妳是要拍片的齁？」畢竟一般來說並不會同時買600個保險絲……

/// 因為過去在出版社做書，對毛利很斤斤計較，造就了我習慣性自己給自己cost down，大家以為

時尚編輯穿著亮麗參加記者會，其實是提著塑膠袋在半夜的水池裡撈水芙蓉。為什麼半夜撈？因為這個拍攝的主意下班前才討論出來，而所有的花店、水族店都已經關門了。為了一早的拍攝，只好鬼鬼祟祟去有蓮花池的公園撈，僅僅為了可以在隔天拍攝的場景裡增加一點綠意。

/// 拍完之後，想說可能未來還會拍到，小心翼翼的把水芙蓉種在攝影棚裡面。

一月、二月工作壓力太大了，
連尾牙抽都會引發恐慌症。

06

尾牙惡夢

/// 不管是雜誌社還是出版社，年初都是最忙的時候。出版社，年初要趕二月國際書展，都是忙到一個爆炸，從耶誕節、跨年、尾牙一路焦慮到過年。

/// 而雜誌社，雖然沒有國際書展壓力，但一月、二月少得可憐的工作天數，讓必須固定準時出刊的雜誌編輯們，在辦公室集體截稿恐慌症發作，吃個尾牙都有被害妄想症。

07

企劃是怎麼生出來的？

/// 每個月採訪編輯們都要開編輯會議，提出自己發想的專欄企劃，決定下期雜誌要做的內容，同時也要把接下來兩三期的企劃想好。到底大家是如何想出一堆千奇百怪好笑又實用的內容呢？

/// 答案就是日常生活。當編輯就是隨時隨地，看什麼、聽什麼，都覺得是企劃。

08

廣編為什麼是惡夢？

/// 有一種廠商合作方式叫做「廣編稿」，如果用社群用語的話，就是「業配文」。

/// 廣編是雜誌收入的重要來源，實際操作方法，就是從廠商那邊取得新聞稿、圖素等等素材，以及提供的方向，由編輯撰寫文章。最高竿的廣編稿，就是內容有趣到即使發現是廣編稿也不會生氣。

/// 身為一個部落客，寫廣編稿當然是難不倒我的！只是截稿日前幾天才談到的廣編稿，真的都會嚇壞我，早上拿到新聞素材，但隔天就要送印了，寫完後和客戶就要漏夜來回確認，然後馬上送進印刷廠。

/// 嚇壞歸嚇壞，也不能對業務部發脾氣，因為廣告合作是雜誌非常主要的收入來源，業績和年終就靠這個了，所以大家的共識都是能拚就拚。

做 A 款。

好的。

玻璃心碎滿地

原、原來
只是問好玩的。

編輯小姐

曾經是
時尚雜誌的
執行編輯。

主要工作包含：

1‧控管製作進度
2‧全書落版與校對
3‧製作費申請與核銷
4‧外電翻譯
5‧自己也要寫稿

等等……

今天第一階段截稿
大家要交稿喔。

當然

我今天
一定交

快完稿了，
等等給你。

10：00

主要工作是
撰稿的採訪編輯們。

……

我就說我可以
準時交稿吧！

辛苦了。

的確是
今天交了

19：00　示意圖，其實都是交電子檔。

交稿後採編
的工作算是
告一段落。

還有我呢
美編

嗚……同為編輯為什麼
要這樣互相傷害……

留下來校對。

21：00

162

09

執行編輯的艱難

/// 很多人好奇我改做雜誌執行編輯之後，加班的狀況有沒有改善？我都回答，有有有，有改善，從「不確定啥時會突然加班」改善成「確定在截稿那兩週固定加班」。

/// 在雜誌的分工中，採訪編輯、記者、寫手就像是出版社裡作者的角色，也就是產出內容的人，而執行編輯跟一般出版社編輯很像，就是校對修潤、統籌出書流程的人。

/// 採訪編輯們撰稿完畢，交給執行編輯校對修潤後，組稿給美編排版，再進行一校、二校、三校……後續的作業就和書籍出版一樣。忙碌的狀況不變，困難度也不變，但是變得比較規律。

/// 關於書籍出版的流程，大家可以複習我的第一本著作《編輯小姐Yuli的繪圖日誌》。

後記
靠北職場的搞笑漫畫集

/// 我最擅長的事情，就是把無聊的事情講得很好笑、把痛苦的事情說得很精彩，導致我在抱怨工作時，我的朋友個個笑得東倒西歪。這大概是宿命吧，我原本想寫一本書批鬥職場上的不公不義，卻又變成了搞笑漫畫集。

/// 2018年出版第一本書到現在，整整過了兩年我才完成第二本作品。這段時間我一邊工作一邊摸索自己未來的道路，我從出版社轉職到時尚雜誌，同時頻繁的接案、教課，然後我辭職、成立工作室、開始自由工作，經過一團混亂來到2020年，我覺得是時候把經歷的一切理出個頭緒，好好整理起來變成一本書了。

/// 於是我著手把這兩年的作品整理起來，補寫好幾篇文章，還想來畫個中篇故事，馬上被我的編輯麗娜阻止：「頁數已經要爆炸了！不要再加啦！」還被刪減了一些，早知如此，我根本可以更早出書嘛！可惡！總之第二本書是兩年的沉澱加上一個月的振筆疾書，搭配好幾杯手搖飲料，在震耳欲聾的鳥鳴中完成的（自從開始自由工作，我跟寵物鸚鵡就

24 小時相處在一起了）。

/// 再一次謝謝野人文化的編輯麗娜、總編麗真與社長瑩瑩，當我得知第一本書沒有害她們賠錢時，真的是鬆了一口氣。謝謝我的同事姚資竑，是我最信任的工作夥伴，沒有她就沒有現在的編輯小姐。謝謝我為數不多的朋友，還有眾多讀者們一路上給我的支持。最後我要特別謝謝我的前老闆，我的心志與抗壓性，有一大半歸功於她的磨練。

GRAPHIC TIMES 019

可不可以 fire 老闆？
手搖杯 + 泡麵 +(房貸)=老闆你說的都對！

作　　者	許喻理 (Yuli)	讀書共和國出版集團	
社　　長	張瑩瑩	社　　長	郭重興
總 編 輯	蔡麗真	發行人兼出版總監	曾大福
美術設計	TODAY STUDIO	業務平臺總經理	李雪麗
		業務平臺副總經理	李復民
責任編輯	莊麗娜	實體通路協理	林詩富
行銷企畫	林麗紅	網路暨海外通路協理	張鑫峰
出　　版	野人文化股份有限公司	特販通路協理	陳綺瑩
發　　行	遠足文化事業股份有限公司		

地址：231 新北市新店區民權路 108-2 號 9 樓
電話：(02) 2218-1417
傳真：(02) 86671065
電子信箱：service@bookrep.com.tw
網址：www.bookrep.com.tw
郵撥帳號：
19504465 遠足文化事業股份有限公司
客服專線：0800-221-029

印　　務	黃禮賢、李孟儒
法律顧問	華洋法律事務所　蘇文生律師
印　　製	凱林彩印股份有限公司
初　　版	2021 年 04 月 08 日

有著作權・侵害必究
歡迎團體訂購，另有優惠，請洽業務部
(02) 22181417 分機 1124、1135

國家圖書館出版品預行編目(CIP)資料

可不可以 fire 老闆？手搖杯 + 泡麵 +(房貸)=老闆你說的都對！／許喻理(Yuli)著 . -- 初版 . -- 新北市：野人文化股份有限公司出版：遠足文化事業股份有限公司發行，2021.04　168 面；13×19 公分 . --(Graphic times；19)　ISBN 978-986-384-499-0（平裝）　1.職場成功法
494.35　　　　　　　　　　　　　　　　　　　　　　　　　　110004021

感謝您購買《可不可以 fire 老闆？》

姓　名 _____　□女 □男　　年齡 _____

地　址 _____

電　話 _____　　　　　手機 _____

Email _____

學　歷　□國中 (含以下)　　□高中職　　　□大專　　　　□研究所以上
職　業　□生產／製造　　　□金融／商業　□傳播／廣告　□軍警／公務員
　　　　□教育／文化　　　□旅遊／運輸　□醫療／保健　□仲介／服務
　　　　□學生　　　　　　□自由／家管　□其他

◆你從何處知道此書？
□書店　□書訊　□書評　□報紙　□廣播　□電視　□網路
□廣告 DM　□親友介紹　□其他

◆您在哪裡買到本書？
□誠品書店　□誠品網路書店　□金石堂書店　□金石堂網路書店
□博客來網路書店　□其他_____

◆你的閱讀習慣：
□親子教養　□文學　□翻譯小說　□日文小說　□華文小說　□藝術設計
□人文社科　□自然科學　□商業理財　□宗教哲學　□心理勵志
□休閒生活 (旅遊、瘦身、美容、園藝等)　□手工藝／ DIY　□飲食／食譜
□健康養生　□兩性　□圖文書／漫畫　□其他

◆你對本書的評價：(請填代號，1. 非常滿意　2. 滿意　3. 尚可　4. 待改進)
書名 _____ 封面設計 _____ 版面編排 _____ 印刷 _____ 內容 _____
整體評價 _____

◆希望我們為您增加什麼樣的內容：
_____
_____

◆你對本書的建議：
_____
_____

廣　告　回　函
板橋郵政管理局登記證
板 橋 廣 字 第143號

郵資已付　免貼郵票

野人

23141
新北市新店區民權路108-2號9樓
野人文化股份有限公司 收

請沿線撕下對折寄回

野人

書名：可不可以fire老闆？
書號：GRAPHIC TIMES 019